AF312381

MÉTHODE RATIONNELLE

DU

TRAITEMENT DES PLAIES

CHEZ LE CHEVAL ET CHEZ L'HOMME

GUÉRISON RADICALE PROMPTE ET CERTAINE DES PLAIES LES PLUS COMPLIQUÉES

Par M. COULET

Vétérinaire en 1er au Dépôt de remonte d'Angers,
Chevalier de la Légion d'honneur.

ANGERS

IMPRIMERIE P. LACHÈSE ET DOLBEAU

Chaussée Saint-Pierre, 13

1879

MÉTHODE RATIONNELLE

D U

TRAITEMENT DES PLAIES

CHEZ LE CHEVAL ET CHEZ L'HOMME

Ce traitement s'applique aux blessures du garrot, du dos et des lombes; à celles produites par les coups de pieds, chutes, etc.; aux javarts, clous de rue, simples ou compliqués, aux bleimes, etc.

Le traitement préconisé par tous les auteurs et jusqu'ici employé par les vétérinaires dans le traitement des plaies, est-il rationnel? Non.

Lorsqu'une plaie existe, quelle que soit la cause qui l'ait produite, quels sont les moyens que la nature emploie pour en amener la guérison? L'inflammation d'abord, et ensuite la suppuration. L'inflammation est constante, et on peut presque en dire autant de la suppuration; il n'y a d'exception, pour cette dernière, que lorsque la solution de continuité est peu étendue, qu'il n'y a pas perte de substance, qu'il n'est resté aucun corps étranger solide dans la plaie, et que les bords de la plaie ont été réunis; ces cas très-rares exceptés, il y a suppuration. Si la plaie est antérieure à l'inflammation, celle-ci se manifeste et se développe de dehors en dedans, elle se propage aux tissus environnants et sous-jacents jusqu'à ce que la suppuration soit établie; alors, si la nature est assez forte et n'est pas entravée dans sa marche, l'inflammation rétrograde et diminue jusqu'à la complète cicatrisation. La suppuration se déclare lorsque l'inflammation a diminué d'intensité, et alors aussi commence le travail de la cicatrisation. Ne semble-t-il pas que la nature, à l'aide de l'inflammation, va chercher les matériaux réparateurs qu'elle apporte à la surface de la plaie et dont le pus n'est que l'excédant ou l'excrément? Ce qui tendrait à le prouver, c'est que la suppuration diminue avec l'étendue de la plaie et s'arrête, comme l'inflammation, lorsque la cicatrisation a été obtenue. Pourquoi alors contrarier, combattre la nature, comme on le fait avec les dessicatifs, les astrin gents et surtout les escharotiques? Au lieu de la combattre, aidons-la, imitons-la, et quelquefois modérons-la si nous le pouvons, autrement laissons-la agir seule. En effet, si on met de la liqueur de Villatte, par exemple, sur une plaie, on produit d'abord une légère cautérisation des tissus touchés, de la constriction des voies destinées à amener les matériaux réparateurs; puis il se forme une eschare, véritable barrière, que le pus, qui doit être éliminé, ne peut franchir. Cet excrément rétrogradera par les vaisseaux qui l'auront apporté. L'inflammation au lieu de diminuer, restera stable ou augmentera; les vaisseaux, trop et trop longtemps distendus, se ruptureront. Le liquide épanché ne pouvant être résorbé, puisque la cause qui a produit l'épanchement du sang persiste, devient corps étranger et forme un foyer purulent; de là des abcès, des fistules, des caries, des métastases, des infiltrations, etc. En est-il de même par l'emploi de l'onguent vésicatoire? Non. Au lieu d'empêcher la suppuration, on l'active d'abord et on la modère ensuite; l'inflammation est plus vive, mais elle a moins de durée; de profonde qu'elle était, elle devient superficielle. La vive irritation qui a été produite à la surface de la plaie, amène souvent l'adhésion dans les simples décollements; elle prévient ou arrête l'inflammation des tissus blancs; elle détermine la chute des tissus qui ont été désorganisés et qui doivent être éliminés. L'inflammation profonde ayant été de courte durée, les vaisseaux sanguins n'ont rien perdu de leur élasticité, et si des liquides ont été épanchés, ils sont promptement résorbés. Les matériaux réparateurs arrivant promptement et en abondance à la surface de la plaie, la suppuration est prompte et abondante aussi; cette suppuration est le véhicule éliminateur. La cicatrisation ne se fait pas attendre longtemps; elle marche régulièrement et avec modération; jamais de temps d'arrêt, jamais de ces gros bourgeons charnus qui cachent toujours un abcès ou une fistule, jamais de résorptions purulentes, ni même de pus odorant.

Cette théorie n'est peut-être pas très-scientifique; mais six années d'expérience m'ont prouvé que ma méthode de traitement est excellente, car je n'ai pas eu un seul insuccès à enregistrer, depuis que je la mets en pratique.

MANIÈRE D'EMPLOYER L'ONGUENT VÉSICATOIRE.

Pour les plaies simples où il n'y a qu'une simple solution de continuité, avec ou sans perte de substance, avec ou sans carie, que la plaie soit ancienne ou récente, je me borne à couper les poils autour de la plaie sur toutes les parties enflammées et même à deux centimètres au delà; la surface de la plaie est nettoyée avec de la teinture de cantharides, s'il y a des corps étrangers ou du pus; cela fait, je frictionne la partie rasée d'onguent vésicatoire, la plaie est ensuite recouverte d'une bonne couche du même onguent. Si la plaie a son siége sur un plan déclive, comme sur un des côtés du garrot, des côtes ou aux membres, j'ai soin de laisser une épaisse couche du topique à la partie supérieure du pourtour de la plaie, afin qu'en descendant il en reste un peu sur la plaie. Le pansement terminé, je fais attacher le cheval de façon à ce qu'il ne puisse se gratter avec les dents ni se frotter; dans certains cas, je l'empêche même de se coucher. Il est maintenu au repos le plus complet lorsque la plaie existe sur une partie où les mouvements de l'animal empêchent ou retardent la guérison. Un seul pansement suffit presque toujours.

Pour les plaies compliquées d'abcès ou de fistules, je fais de larges débridements, s'il est possible; puis à l'aide d'une seringue à injection, je fais sortir tout le pus avec de la teinture de cantharides; lorsque la liqueur ressort claire, je procède comme pour les plaies simples, tout en ayant soin de remplir de vésicatoire l'abcès ou les fistules, ce qui est facile lorsque celles-ci ont une direction verticale ou qui s'en rapproche : l'appui de la main et la chaleur du corps suffisent pour cela. Dans le cas où les fistules ont une direction horizontale ou à peu près, et qu'il ne m'a pas été possible d'en faire le débridement, je fais fondre l'onguent vésicatoire, ou bien je le délaye dans de la teinture de cantharides, de manière à lui donner la consistance d'une bouillie claire; le médicament est ensuite introduit à l'aide d'une seringue à large canule. Quelquefois, au bout de quatre ou cinq jours, je fais un second pansement semblable au premier; le plus souvent il est inutile.

Je dirai, en passant, que jamais je ne me sers de mèches et que je n'emploie des étoupes que pour les affections du pied. Le pus et les croûtes sont toujours respectés.

Javarts. — Les javarts sont traités comme il vient d'être dit pour les plaies ou fistules : pas d'appareil non plus.

Bleimes. — Pour les bleimes je fais parer la sole; j'isole la bleime avec la rainette, puis je l'enlève d'un coup de feuille de sauge; je mets sur la plaie la grosseur d'une noix d'onguent vésicatoire que je recouvre d'un ou de deux plumasseaux. L'éponge du fer est élargie pour abriter le tout; la paroi est toujours respectée. Après quatre ou cinq jours je retire les premières étoupes, et j'en replace d'autres; ce changement se fait sans déplacer le fer.

Clous de rue. — Pour les piqûres et les clous de rue simples, la sole est d'abord parée; je fais une ouverture en forme d'entonnoir, j'injecte ensuite de la teinture de cantharides dans le trajet du clou pour en faire sortir le pus ou les corps étrangers qui peuvent s'y trouver, puis je remplis le trou de vésicatoire; j'applique des plumasseaux sur lesquels j'appuie pour faire pénétrer le topique dans le trajet du clou. Si l'accident est ancien et qu'il y ait carie de l'aponévrose plantaire ou nécrose de l'os du pied, je mets à nu les parties cariées, puis je termine mon pansement comme pour les clous de rue simples. Dans ce dernier cas, je renouvelle le pansement après quatre ou cinq jours : cela n'est pourtant pas indispensable. Il est bien entendu que les étoupes sont maintenues par une plaque de tôle ou de fer battu. Lorsque le clou a ouvert l'articulation ou seulement la gaîne sésamoïdienne, après un léger débridement, je fais pénétrer de la teinture de cantharides dans le trajet du clou, mais sans le secours de la seringue si l'accident est récent; j'applique ensuite le vésicatoire comme il a été dit précédemment. Si, au contraire, l'accident est ancien et compliqué de carie ou de tout autre altération, j'injecte pendant plusieurs minutes la teinture de cantharides, puis j'applique le vésicatoire comme de coutume. Une forte friction du même onguent est faite tout autour du paturon et même du boulet; après quelques heures l'appareil est enlevé afin de faciliter l'écoulement. On réitère le pansement pendant trois ou quatre jours.

Kystes séreux. — Les kystes séreux sont traités d'une manière très-simple. On fait une incision avec le bistouri au point le plus déclive; par une légère pression de la main, on évacue le liquide renfermé dans la poche, puis on fait un certain nombre d'injections de teinture de cantharides; à l'extérieur, on fait une forte friction de vésicatoire. Si le kyste est à parois très-épaisses, on ne doit pas hésiter à pratiquer une large ouverture avec le bistouri et à remplir la poche de vésicatoire, ainsi que je l'ai exécuté en octobre 1860, sur un cheval appartenant au gendarme Capdeville, en résidence à Rambouillet (gendarmerie de la Garde Impériale), qui avait un kyste au coude droit. Le volume de cette tumeur était celui de la tête d'un enfant de dix ans; près d'un litre de sérosité en sortit; les parois avaient environ trois centimètres d'épaisseur. Deux pansements ont suffi pour obtenir une guérison radicale en quinze jours.

MANIÈRE D'AGIR DE L'ONGUENT VÉSICATOIRE.

Le vésicatoire, appliqué au pourtour des plaies et sur une large étendue, agit d'abord comme résolutif par l'inflammation qu'il développe à l'extérieur. Cette inflammation externe agit ensuite mécaniquement sur les tissus profonds par la compression qu'elle exerce sur eux, et combine ainsi son action avec celle du vésicatoire appliqué dans l'intérieur de la plaie; celui-ci produit à la surface de la plaie une inflammation vive et superficielle qui détermine une prompte suppuration et l'élimination des parties ulcérées ou cariées des tissus blancs, tels que cartilages, fibro-cartilages, tendons, ligaments, os, aponévroses, ainsi que celle des autres tissus désorganisés. Tout cela est amené au dehors par une abondante suppuration qui sert de véhicule. Ce pus, d'abord visqueux et ayant l'apparence de glaires, charrie des détritus désorganisés. Il est d'autant plus abondant et plus chargé de ces détritus que la plaie a plus d'étendue et qu'elle est plus compliquée. Au bout de trois ou quatre jours, la suppuration devient moins abondante et change de nature : la cicatrisation est commencée. Je le répète encore, pour les plaies avec perte de substance et surtout pour celles qui sont compliquées, la suppuration est indispensable, n'eût-elle d'autre fonction que celle de conduire au dehors les corps solides qui doivent être éliminés.

Le vésicatoire a l'avantage de mettre les plaies à l'abri du contact de l'air ; il devient aussi un modérateur, car s'il a activé la suppuration et le travail de la cicatrisation au début, il a diminué l'étendue de l'inflammation ; les matériaux réparateurs ne sont plus en trop grande quantité à la surface de la plaie, le travail de la cicatrisation se fait sans précipitation et régulièrement.

Ce médicament employé dans l'intérieur des plaies au début de l'accident, prévient toujours les abcès profonds, les fistules et la carie, en amène toujours la guérison dans l'espace de dix à trente jours selon l'ancienneté et la gravité des accidents.

Les observations suivantes ont été recueillies au 9ᵉ régiment de Cuirassiers.

OBSERVATIONS RECUEILLIES A L'ARMÉE D'ORIENT (TURQUIE).

Première observation. — Deux chevaux portant le bât, appartenant à MM. Pimont et Cousin, capitaines au régiment, furent légèrement blessés au garrot en faisant la route de Gallipoli à Andrinople. Le traitement de ces chevaux commença le 6 novembre 1854 ; les astringents furent d'abord employés, puis la liqueur de Villatte sur la plaie et le vésicatoire à l'extérieur. Le 15 février suivant, les deux légères blessures étaient devenues deux maux de garrot ; rien n'y manquait : forte inflammation, fistules, carie du ligament sus-épineux, carie des apophyses épineuses des vertèbres ; le ligament cervical commençait à être atteint. Des contre-ouvertures avaient été pratiquées pour donner écoulement au pus ; le cautère actuel avait été employé sans succès : on eut alors recours au vésicatoire. Cet onguent fut employé, le 15 février 1855, sur le cheval du capitaine Pimont, en forte friction sur tout le garrot; la plaie en fut remplie entièrement, ainsi que les deux fistules dont l'une était située sur le côté gauche du garrot, et dont l'autre, dirigée en avant et en bas, se terminait au ligament cervical. Je fus d'abord effrayé de l'aspect de la plaie et de la quantité de pus qui en sortait; mais quatre jours après je commençais à me rassurer : le garrot avait diminué de volume, les bords de la plaie n'étaient plus renversés, le pus était beaucoup moins abondant et plus homogène. Le huitième jour, la plaie n'était pas guérie, mais j'étais assuré du succès; je renouvelai le pansement, et, ce même jour, je fis pour le deuxième cheval ce que j'avais fait huit jours auparavant pour le premier : j'obtins le même résultat. Tous deux furent guéris après trois semaines de traitement et par deux applications de vésicatoire, dont la deuxième le huitième jour.

2e *Observation.* — A la même époque, le cheval de bât du capitaine Béranger fut légèrement blessé au garrot. Cette blessure semblait insignifiante : pas de tuméfaction apparente, pas de sensibilité; tout se bornait à quelques poils enlevés. L'eau froide fut ordonnée. Huit jours après apparut sur le côté droit du garrot une tuméfaction un peu douloureuse; bref, le 25 mars suivant, le cheval était dans un état désespérant; la liqueur de Villatte n'avait pourtant pas été épargnée, pas plus que les étoupes comme accessoire de pansement. Tout le garrot n'était qu'une vaste plaie compliquée de fistules profondes dans toutes les directions, de carie des cartilages de prolongement des omoplates, des ligaments sus-épineux et cervical, des apophyses épineuses des vertèbres. Un tissu fibro-lardacé envahissait tout le garrot; les mouvements de la tête et de l'encolure étaient presque nuls. L'animal, très doux au début de l'affection, était devenu méchant par suite des souffrances que les pansements longtemps et souvent répétés lui avaient fait endurer. Plutôt peut-être dans l'intention d'accélérer le dénoûment d'une si redoutable maladie, que dans l'espoir d'en obtenir la guérison, on fit une friction d'onguent vésicatoire sur toute la partie enflammée; les trous et les fistules en furent remplis. Je ne cher-

cherai point à décrire l'aspect de cette montagne d'ulcères pendant les quatre ou cinq jours qui suivirent l'application du traitement. On n'y toucha pas durant la première quinzaine, mais au bout de ce temps tout était bien changé; l'animal avait repris de la gaîté, l'appétit était bon, la fièvre avait disparu; l'inflammation était diminuée des trois quarts; la suppuration, peu abondante, était homogène; des plaies d'une teinte rosée avaient remplacé les fistules, les trous et les cavernes, ainsi que le tissu fibro-lardacé. Une deuxième application de vésicatoire fut faite, et quinze jours après la guérison était complète.

3e *Observation.* — Dans la route que fit le régiment pour aller d'Andrinople à Constantinople (en avril 1855), un cheval de troupe, qui avait été chargé de bagages, nous fut présenté à la visite deux jours avant notre arrivée à Constantinople. Ce cheval avait sur la région des lombes et sur la ligne médiane une plaie dans laquelle un œuf de poule eût disparu entièrement; elle était remplie d'un liquide ayant la couleur et la consistance de lie de vin. Un semblable accident n'avait pu être produit que par un caillou ou tout au moins par le nœud d'une corde. Le liquide contenu dans la cavité fut enlevé avec des étoupes et remplacé par de l'onguent vésicatoire; on fit une friction du même onguent au pourtour de la plaie, et l'animal fut radicalement guéri douze jours après sans autre pansement.

OBSERVATIONS RECUEILLIES EN CRIMÉE.

4c *Observation.* — Le cheval *Bouquin*, n° 3393, avait un cor sur le côté gauche du garrot; le cor fut extirpé en juillet 1855 et la plaie pansée avec la liqueur de Villatte; après deux mois de traitement, la plaie était devenue une caverne profonde, tapissée d'un tissu fibro-lardacé et remplie de vers; l'angle postérieur du cartilage de prolongement de l'omoplate était déjà carié; les bords de la plaie étaient calleux. La plaie fut alors nettoyée avec de la teinture de cantharides et ensuite remplie d'onguent vésicatoire; on fit aussi une forte friction de vésicatoire au pourtour de la plaie; dix jours après, il ne manquait que l'épiderme et les poils pour que la guérison fût complète.

5e *Observation*. — Le cheval de M. de Loine, lieutenant au 9e Cuirassiers, avait à la région costale, côté gauche, une tumeur très-dure et ayant environ quinze centimètres de diamètre. Cette tumeur, suite de blessure combattue par les astringents et ensuite par le vésicatoire, datait de six semaines lorsque j'y pratiquai une incision cruciale. Cette opération donna écoulement à une petite quantité de pus visqueux et jaunâtre; deux côtes avaient un commencement de carie ; le tissu de la tumeur était fibro-lardacé. Je fis une forte friction de vésicatoire sur toute la tumeur ; la plaie fut remplie du même onguent. Six jours après, même pansement ; il fut renouvelé le quinzième jour. L'animal était guéri trois semaines après le jour de l'opération, pratiquée le 15 juillet 1855.

6e *Observation*. — Le cheval *Ebre,* n° 3088, fut blessé au garrot dans la première quinzaine de septembre 1855. La plaie fut pansée avec de la liqueur de Villatte. Après plus de trois mois de ce traitement, on employa l'onguent vésicatoire dans l'intérieur de la plaie et au pourtour. Deux pansements suffirent pour amener la guérison en dix-huit jours.

7e *Observation*. — Le cheval *Danger,* n° 155, fut blessé au gar‑ rot à la même époque que le précédent. La liqueur de Villatte fut employée dans l'intérieur de la plaie et l'onguent vésicatoire à l'extérieur. Un mal de garrot fut le résultat de trois mois et demi de ce traitement. L'animal ne pouvait plus se baisser pour ramasser ses aliments; le garrot avait un volume énorme ; il y avait grande douleur et prurit, fistules, carie du ligament sus-épineux et de deux apophyses épineuses des vertèbres du garrot. Les fistules furent débridées ; je fis également deux incisions à la plaie, une de chaque côté du garrot ; le tout fut rempli d'onguent vésicatoire, et l'engorgement frictionné avec le même topique. Huit jours après, nouvelle et dernière application de vésicatoire; le vingt-cinquième jour, le cheval pouvait être sellé : il était guéri.

Ce même cheval fut couronné plus tard, le 5 décembre 1860; il y avait ouverture de l'articulation du genou gauche et écoulement de synovie; il a été guéri en quarante jours par l'emploi seul de l'onguent vésicatoire sur la plaie et au pourtour. La guérison eût été plus prompte si l'animal ne se fût pas frottté contre la mangeoire le cinquième jour après l'accident.

8° *Observation*. — Au camp de Traktir, le 8 juin 1855, le cheval *Guet* n° 207, fut enchevêtré du membre postérieur droit. Cet accident fut traité par les astringents d'abord, puis par la liqueur de Villatte. Ce traitement, continué pendant deux mois, changea l'enchevêtrure en javart cartilagineux. La claudication était plus intense ; il y avait engorgement de tout le paturon, tumeur douloureuse sur le côté externe de la couronne, fistule laissant échapper un pus visqueux, odorant, et contenant des débris verdâtres. La fistule se dirigeait obliquement de haut en bas, d'arrière en avant, et aboutissait à la tumeur ; elle fut débridée dans la moitié de son parcours ; la tumeur fut incisée verticalement, de façon à donner écoulement au pus ; la plaie et la fistule furent nettoyées avec la teinture de cantharides, je fis ensuite une large application de vésicatoire sur la tumeur et tout autour du paturon ; la plaie et la fistule furent remplies du même topique. Douze jours après le cheval était guéri. Un an plus tard, le même animal fut atteint d'une semblable maladie. Elle fut guérie aussi rapidement que la première et par le même procédé.

9° *Observation*. — Le 18 août 1855, au camp de Mardouinoff, la jument *Egine*, n° 222, se mit à boiter du membre antérieur gauche, sans cause connue : il y avait une légère chaleur au sabot. On lui fit prendre des bains froids, mais la boiterie augmenta ainsi que la chaleur du pied. Le 1er septembre, la suppuration s'échappait entre le bord supérieur de la paroi et la couronne, face externe. Pendant dix jours on essaya la liqueur de Villate ; mais la maladie prenant plus de gravité, on eut recours à d'autres moyens. Avec la rainette, j'enlevai environ deux centimètres de corne ; il y avait carie de l'os du pied et du fibro-cartilage, gangrène du tissu feuilleté et décollement d'une partie de la paroi, sur une longueur de trois centimètres environ. La plaie fut recouverte d'onguent vésicatoire. Le lendemain, le topique ayant glissé, il en fut mis de nouveau ; cette fois-ci, on le maintint par quelques plumasseaux et quelques tours de bande ; le quatrième jour l'appareil fut enlevé et ne fut pas replacé : je me contentai d'une nouvelle application de vésicatoire. Le quinzième jour l'animal était guéri ; il put reprendre son service, après toutefois que la partie blessée eut été mise à l'abri du contact des corps étrangers par un appareil approprié. Les traces de l'affection disparurent par avalure.

10ᵉ *Observation.* — En janvier 1856, un clou pénétra dans le pied postérieur droit d'un mulet appartenant aux officiers du 1ᵉʳ escadron. Après un mois de traitement par la méthode ordinaire, l'animal ne pouvait plus appuyer le pied sur le sol ; je constatai la carie de l'aponévrose plantaire de l'os du pied. La sole fut de nouveau parée à fond ; le point carié, situé en avant de la pointe de la fourchette, fut mis à découvert, et la plaie remplie de vésicatoire. Quelques plumasseaux et une plaque terminèrent le pansement. Six jours après, l'animal reprenait son service.

OBSERVATIONS RECUEILLIES DANS LES GARNISONS DE VESOUL,
POITIERS, THIONVILLE ET RAMBOUILLET.

11ᵉ *Observation.* — La jument *Indiana*, n° 298, entre à l'infirmerie le 7 août 1857 pour un clou de rue pénétrant dans l'articulation du pied postérieur droit. Cet animal, pansé par la méthode ordinaire, était dans un état tellement alarmant qu'il fut réformé comme incurable ; on n'espérait même pas qu'il pût vivre jusqu'au jour de la vente. En effet, depuis longtemps il ne mangeait plus ; il restait huit à dix jours sans se coucher, puis il se laissait tomber comme une masse inerte et demeurait sur la litière jusqu'à ce qu'on le remît sur ses trois membres sains. Le 12 septembre, la fistule fut dégagée et débridée ; pendant près d'un quart d'heure, on fit des injections de teinture de cantharides, puis on appliqua sur la plaie une forte couche de vésicatoire ; avec le même onguent, on frictionna tout le boulet et le paturon. L'appareil placé sous le pied fut enlevé quatre heures après ; le lendemain et le jour suivant, même opération moins la durée des injections ; huit jours après, nouvelle application de vésicatoire ; la fistule était fermée ; le cheval mangeait et se couchait comme s'il eût été en bonne santé ; l'appui du membre se faisait bien. Le 1ᵉʳ octobre l'animal boitait à peine ; il fut referré et vendu quelques jours après la somme de 250 francs

12ᵉ *Observation.* — Le même accident, survenu le 8 octobre 1860 au cheval *Obstacle*, n° 380, a été guéri en quatre jours. J'ai fait une simple ouverture, creusée en forme d'entonnoir, dans laquelle j'ai versé de la teinture de cantharides et fait pénétrer de l'onguent vésicatoire délayé dans la même liqueur. Ce seul pansement a suffi.

13ᵉ *Observation.* — La jument *Maîtresse*, n° 4770, entra à l'infirmerie le 14 septembre 1857 pour claudication du membre postérieur gauche. La douleur était si intense qu'on crut à une fracture de la couronne. Quatre jours après, un javart cartilagineux s'était déclaré à la face interne. La fistule ayant été débridée dans le tiers de son trajet, je fis une incision verticale sur la tumeur ; la fistule et la plaie furent nettoyées avec la teinture de cantharides et remplies d'onguent vésicatoire, la tumeur et tout le paturon furent frictionnés du même onguent. Huit jours après, nouvelle application de vésicatoire. Le 5 octobre suivant, l'animal sortait de l'infirmerie radicalement guéri.

14ᵉ *Observation.* — La même maladie a été guérie sur le cheval *Darien*, n° 5067, du 27 octobre 1858 au 17 novembre suivant. Le même traitement fut employé.

15ᵉ *Observation.* — Pendant la route de Vesoul à Poitiers, le cheval *Catalan*, n° 3957, fut blessé sur les reins ; il entra à l'infirmerie le 27 octobre 1857, jour de l'arrivée à la nouvelle garnison, ayant une plaie profonde sur les reins. Cette plaie avait un diamètre de huit à dix centimètres environ, non compris le décollement qui existait tout autour ; elle était remplie de pus odorant et hétérogène ; deux apophyses épineuses des vertèbres lombaires étaient cariées. Le pus fut enlevé, la plaie nettoyée avec de la teinture de cantharides et remplie de vésicatoire ; une forte friction du même onguent, faite à l'extérieur, termina ce premier pansement, qui fut fait le 30 octobre. Huit jours après, nouvelle et dernière application de vésicatoire. Le 20 décembre, le cheval sortait de l'infirmerie, ne portant pas trace de l'accident, mais il était guéri depuis quinze jours au moins. Il fait encore son service actuellement (1861).

16e *Observation*. — Pendant la même route, la jument *Gomme*, n° 4534, fut blessée au garrot ; elle entra à l'infirmerie, le 27 octobre 1857, pour un mal de garrot. La plaie envahissait tout le garrot et se compliquait de plusieurs fistules profondes et de carie des apophyses épineuses des vertèbres du garrot, ainsi que du ligament cervical qui était à découvert. Le 29 octobre, ma méthode de traitement fut employée ; on fit des débridements autant que possible, des injections nombreuses de teinture de cantharides, et on remplit toutes les plaies d'onguent vésicatoire ; à l'extérieur large application vésicante. Quatre jours après, nouvelle introduction de vésicatoire dans l'intérieur des plaies, d'où une abondante suppuration l'avait chassé. Le 20 novembre, tout le garrot fut recouvert d'une nouvelle couche de vésicatoire ; ce fut le dernier pansement. L'animal sortait de l'infirmerie le 16 décembre, mais il était guéri depuis le commencement du mois.

17e *Observation*. — Le cheval *Mutin*, n° 4831, eut l'os du pied postérieur droit fracturé le 27 octobre 1857. La grande douleur qu'éprouvait l'animal, le défaut d'appui du membre malade, la chaleur du sabot, n'étaient point des indices suffisants pour diagnostiquer un semblable accident ; aussi la cause de la boiterie ne fut-elle connue que le septième jour, lorsque l'abondance du pus eut produit le décollement de la sole. Celle-ci ayant été enlevée, ainsi qu'une partie du tissu villeux qui avait une teinte noirâtre, je retirai, à l'aide de pinces à dents de rat, une esquille de forme irrégulière, ayant environ trois centimètres de long, un centimètre de large et six millimètres d'épaisseur ; il y avait crépitation de l'os du pied et déformation du sabot. Le pus, qui était très-odorant, fut expulsé à l'aide d'injections de teinture de cantharides, puis toute la face inférieure du pied recouverte d'une épaisse couche d'onguent vésicatoire ; des plumasseaux et une plaque terminèrent le pansement. L'animal avait été saigné au début de la maladie et mis à la paille et aux boissons blanches. Le même régime fut continué. Six jours après, nouvelle application de vésicatoire. Un troisième pansement fut fait le 21 novembre. Le cheval put reprendre son service le 25 décembre.

18e *Observation*. — Le cheval *Codrus,* n° 3998, entra à l'infirmerie le 16 décembre 1857 pour un kyste au garrot. Il en ressortit le 12 janvier suivant, parfaitement guéri. Ce résultat fut obtenu par une ponction de la tumeur avec le bistouri, quelques injections de teinture de cantharides et une friction de vésicatoire à l'extérieur. Ce pansement ne fut pas renouvelé.

19° *Observation*. — La jument *Merluche*, n° 4994, entra à l'infirmerie, le 11 octobre 1858, couronnée des deux genoux ; il y avait ouverture de l'articulation du radius avec la première rangée des os carpiens. Les poils furent coupés au pourtour de chaque plaie, celles-ci lavées avec la teinture de cantharides et recouvertes d'onguent vésicatoire ; le pourtour fut fortement frictionné du même onguent. Le 17 octobre, nouvelle application de vésicatoire. L'animal sortait de l'infirmerie le 26 novembre, mais la guérison datait du 15 du même mois. Le même résultat a été obtenu sur le cheval du capitaine Gouillet, qui avait eu, aux deux genoux, une déchirure de la gaîne de l'extenseur antérieur du canon. Le même procédé fut employé.

20° *Observation*. — La jument *Turquoise*, n° 5411, présentait une large plaie farcineuse à la face interne de la cuisse gauche ; il avait été question d'abattre cet animal, tant son état était piteux. La plaie fut recouverte de vésicatoire le 5 avril 1860. Le cheval fut considéré comme guéri le 27 du même mois, et mis en route le lendemain pour Rambouillet. A la quatrième étape, cet animal fut grièvement blessé sur le dos ; des veines énormes, ressemblant à des cordes farcineuses, partaient du phlegmon et se dirigeaient dans tous les sens. Deux jours après, le cor qui couronnait le phlegmon ayant été enlevé, plus d'un litre de pus odorant s'écoula de la plaie ; il existait un vaste décollement. Je fis des injections de teinture de cantharides pour bien nettoyer la plaie, puis celle-ci fut remplie d'onguent vésicatoire, et je terminai le pansement par une large friction de vésicatoire à l'extérieur. L'animal était guéri quinze jours après, sans autre pansement.

21° *Observation*. — Le cheval *Virat*, n° 5343, reçut un coup de pied au tibia droit, face interne. L'os offrait une cavité qui aurait pu contenir une noisette ; je ne pus m'assurer s'il y avait fêlure de l'os. Je fis faire une friction de vésicatoire sur la partie blessée ; la plaie en fut remplie. Cinq jours après, nouveau et dernier pansement. L'accident arriva le 20 avril 1860, le cheval fut mis en route le 28 du même mois. Le 10 mai, la guérison était complète.

22e *Observation*. — Le cheval *Faquin*, n° 4102, entra à l'infirmerie, le 15 mai 1860, pour blessure au garrot, suite de la route de Thionville à Rambouillet. Le phlegmon reçut une forte couche de vésicatoire ; l'abcès fut ouvert le 20 mai ; je fis un léger débridement de chaque côté de la plaie et ensuite des injections de teinture de cantharides, puis je remplis la plaie d'onguent vésicatoire. L'animal était guéri le 10 juin, sans autre pansement. Il fut vendu, par suite d'usure, le 23 juin 1860.

23e *Observation*. — Le cheval *Défilé*, n° 5128, fut versé aux escadrons de dépôt le 14 mai 1860. Il avait été blessé au garrot un mois auparavant et paraissait à peu près guéri. Huit jours après, il se déclara une fistule sur le côté droit du garrot. Cette fistule, qui avait environ quinze centimètres de longueur, se dirigeait horizontalement en avant. Ne pouvant en opérer le débridement, je me bornai à en élargir l'ouverture avec une tige de fer rougie à blanc ; elle fut ensuite remplie d'onguent vésicatoire ; je fis une forte friction du même onguent sur tout le garrot. Trois semaines après, le cheval était radicalement guéri.

24e *Observation*. — Le cheval *Rideau*, n° 5610, est arrivé du 10e régiment de Chasseurs fortement blessé au garrot ; il est entré à l'infirmerie le 3 octobre 1860 et en est sorti le 30 novembre. Il était guéri depuis plus d'un mois. Même traitement que pour le cheval *Faquin*.

25e *Observation*. — Le cheval *Vocabulaire*, n° 5311, se mit à boiter du membre postérieur gauche. Quelques jours après, le 15 novembre 1860, il se déclara une fistule profonde entre la fourchette et la paroi. Lorsque cette fistule eut été dégagée, il sortit une petite quantité de pus très-liquide et fort odorant ; je pus constater la carie de la face inférieure de l'os du pied, sur une étendue de deux centimètres de diamètre environ. L'ouverture fut remplie d'onguent vésicatoire maintenu par quelques plumasseaux et une plaque de tôle ; six jours après, l'appareil fut enlevé et la plaie pansée comme précédemment. Le 17 novembre, l'animal reprenait son service. Ce cheval n'est pas entré à l'infirmerie.

26e *Observation*. — La jument *Tarentule*, n° 5485, âgée de six ans, entra à l'infirmerie le 1er janvier 1861 pour une plaie pénétrante dans la poitrine, compliquée d'une violente pleurésie. Lorsqu'on me présenta l'animal, l'accident pouvait avoir trente-six heures d'existence. Cette plaie était située à douze centimètres en arrière de l'épaule gauche et avait été faite avec un instrument tranchant. Un engorgement œdémateux et quelques poils collés en masquaient l'ouverture, qui avait environ quinze millimètres de longueur. Lorsqu'elle fut débridée à l'extérieur, je pus introduire le doigt indicateur dans l'intérieur de la poitrine et m'assurer que la plèvre costale était lésée. Une fièvre intense, le pouls petit, les mouvements respiratoires fréquents et raccourcis, le flanc retroussé, la poitrine douloureuse à la plus légère percussion, les reins raides, une soif ardente, pas d'appétit, locomotion très-pénible, tels étaient les symptômes que j'observai.

Traitement. — Je débridai la plaie afin de faciliter l'écoulement du pus au dehors et retarder la cicatrisation de l'orifice externe; je fis cinq ou six injections de teinture de cantharides, mais très-légèrement. Mon but, en faisant ces injections était d'obtenir une adhérence momentanée de la plèvre pulmonaire avec la plèvre costale au pourtour de l'orifice interne, et d'empêcher ainsi l'introduction de l'air et du pus; cela fait, je remplis la plaie d'onguent vésicatoire, puis une forte friction du même médicament fut faite à l'extérieur. L'animal fut mis à la paille et aux boissons blanches, boissons dans lesquelles je fis ajouter cinq grammes de sulfate de fer et cinq grammes de teinture d'opium, et cela deux fois par jour. L'opium fut continué pendant six jours, le sulfate de fer pendant quinze. La plaie fut abandonnée à elle-même après le premier pansement. L'animal était hors de danger le huitième jour et complétement guéri le quinzième, malgré un œdème considérable survenu sous la poitrine et sous l'abdomen.

J'arrête ici la liste de mes observations; j'aurais pourtant à citer beaucoup d'autres cas, mais en général moins graves.

Le mode de traitement que je préconise réunit donc tous les avantages : il guérit promptement et toujours, sans jamais laisser ni callosités ni cors ; il est simple, commode et rationnel ; son emploi ne rend jamais méchants les animaux qui y sont soumis ; la morve n'en est jamais la conséquence.

J'exprime le désir que les vétérinaires soient autorisés à demander de la poudre de cantharides n° 1, afin de donner au vésicatoire une consistance plus homogène, ce qui le rendrait d'un emploi plus facile et surtout d'une plus grande efficacité ; cette mesure est surtout urgente pour les armées en campagne où l'on est souvent, sinon toujours, privé d'un mortier pour triturer ou plutôt broyer l'onguent. Celui dont je me sers est composé de :

Onguent basilicum.   .   .   .   4 parties.
Poudre de cantharides   .   .   1 partie.

Ce qui précède a été adressé officiellement par nous à la Commission d'hygiène hippique, en février 1861, et a été reproduit, par les soins de la dite commission, au Journal de médecine vétérinaire militaire, n° d'avril 1864, page 657, tome II.

Depuis cette époque, j'ai recueilli un grand nombre de faits de guérison que je n'insère pas ici, mais qui sont tout aussi concluants que les précédents.

Plusieurs vétérinaires ont constaté et publié les bons effets de cette méthode de traitement ; entre autres, M. Salle, vétérinaire militaire, dans un article du même journal, tome III, page 404. Voici quelques passages de la fin de l'article :

« Enfin, je terminerai, en affirmant que l'onguent vésicatoire appliqué sur n'importe quelle plaie, hâte la guérison d'une manière étonnante et qu'il favorise la formation d'un tissu de cicatrice le plus régulier et le moins étendu possible, conséquence ultime qui est d'une grande valeur pour l'homme, et qui, chez le cheval, a toujours une certaine importance relative selon les races.

« En établissant un parallèle entre la série d'observations détaillées publiées par M. Coulet, et la note sommaire constituant un *ordre permanent du 28 juillet* 1864, par lequel les corps de garnisons de Paris, Versailles et Vincennes, devaient expérimenter ce nouveau mode de traitement des plaies, on est étonné par ces *mille nuances* si importantes dans le *modus faciendi* que comporte l'un et qu'exclut le laconisme de l'autre. Aussi, la difficulté apparente que j'ai éprouvée pour guérir un mal de garrot tient-elle plutôt à ma manière de faire qu'au traitement lui-même ; c'est pourquoi j'engage mes confrères à relire attentivement le mémoire de M. Coulet, tome II, page 657, car il est d'une importance pratique incontestable. »

Les derniers mots sont : Moyen aussi simple qu'héroïque !

Et M. Caussé, dans le tome V, page 513 du même journal, publiait un article également remarquable sur les résultats obtenus par ma méthode de traitement et qui se termine ainsi :

« M. Coulet, en vulgarisant le vésicatoire, comme agent rapide de cicatrisation, a rendu à la médecine vétérinaire un service sérieux et incontestable. »

DU TRAITEMENT DES PLAIES CHEZ L'HOMME.

Le traitement des plaies par les cantharides, qui a déjà rendu et qui rend journellement de si grands services à la médecine vétérinaire, est appelé à en rendre de bien plus grands en médecine humaine, lorsque MM. les médecins et chirurgiens seront bien convaincus que ce traitement est le seul rationnel, conviction qui ne tardera pas à être complète après quelques essais de cette médication.

Le traitement des plaies par les cantharides, chez le cheval, peut être employé en médecine humaine sans le moindre inconvénient. L'absorption de la cantharide n'est pas à redouter tant que la cantharide n'est en contact qu'avec des surfaces non recouvertes de la peau, du moins je ne l'ai jamais remarqué, quelle que soit la quantité de vésicatoire et de teinture de cantharides employée et quelle que soit l'étendue ou la profondeur de la plaie. On pourrait objecter que le cheval n'est pas susceptible, comme l'homme, d'éprouver les mêmes accidents résultant de cette absorption. Je répondrai que j'ai eu trois cas de cystite aigüe très-prononcée chez trois juments de robe alezan clair, après une légère friction de vésicatoire sur la peau au jarret de l'une, à la gorge d'une autre et au coude de la troisième. Donc, par la peau, l'absorption peut quelquefois avoir lieu, principalement chez les sujets jeunes, lymphatiques ou affaiblis par les maladies et surtout chez ceux dont la peau fonctionne mal, mais jamais par les muscles. Les accidents qui pourraient résulter de l'absorption par la peau, peuvent être combattus par le camphre mélangé à l'onguent et surtout par le sous-carbonate de soude. Ce dernier, administré à la dose de cinq grammes, quelques heures avant le pansement, préviendrait tout accident. D'ailleurs, sur la peau, le vésicatoire pourrait être remplacé dans certains cas par tout autre résolutif : le liniment ammoniacal par exemple, ou le vésicatoire employé en médecine humaine. La douleur n'est pas à craindre non plus : si la cantharide détermine une légère douleur là où il n'y en a pas, par contre elle la diminue presque instantanément là où elle existe. Lorsqu'une plaie existe sur une articulation et que la capsule synoviale est ouverte, il faut avoir soin de maintenir l'articulation dans le sens de l'extension, et se borner à étendre le vésicatoire sur la plaie et au pourtour, sur toute l'étendue de l'inflammation, après l'avoir préalablement bassinée avec de la teinture de cantharides. Il faut bien se garder d'introduire le vésicatoire dans l'intérieur des articulations, à moins que les surfaces articulaires ne soient devenues elles-mêmes de véritables plaies par suite de leur ulcération.

Il m'est difficile de donner une composition exacte du vésicatoire qu'il serait bon d'employer sur les plaies de l'homme, l'expérience me faisant défaut ; cependant je crois qu'on pourrait le composer ainsi :

   Onguent basilicum . . . . . 6 parties.
   Poudre de cantharides n° 1 . . 1 partie.

Si on considère qu'actuellement près de 50 pour cent des personnes amputées meurent par suite de résorption purulente, que beaucoup d'autres meurent de la gangrène ou du tétanos, que celles qui guérissent ont généralement une convalescence très-longue, il est facile de concevoir les avantages que l'on obtiendrait en adoptant le traitement des plaies par les cantharides, puisque par cette méthode il n'y a plus à redouter ni résorption purulente, ni gangrène, ni tétanos. Combien de plaies qui ont nécessité de très-longs traitements pour aboutir le plus souvent à une opération douloureuse, à l'amputation et à la mort, seront guéries en fort peu de temps et le plus souvent sans laisser de traces de leur passage ? Le jour où cette méthode sera adoptée en médecine humaine, il n'y aura plus de plaies incurables, presque plus de moignons, de jambes de bois ni de mains artificielles.

Dans les plaies de la tête, il n'y a pas à craindre la chute des cheveux, par suite de l'emploi du vésicatoire; la cantharide favorise au contraire la pousse des poils, à moins qu'on n'enlève prématurément les croûtes ou l'épiderme soulevé par l'action du médicament. La carie des dents et les brûlures profondes seront guéries aussi par le même traitement. J'aurais voulu appuyer de nombreux faits la bonté de ma méthode de traitement. Je l'avais indiquée à un grand nombre de médecins, entre autres : à M. le docteur Verneuil, chirurgien en chef de l'hôpital de Lariboisière, en 1868, et, en 1866, à feu M. le docteur Marchal de Calvi. Ce dernier devait en faire une publication dans le *Journal de Médecine* dont il était le directeur. Ils devaient en faire l'essai et me donner connaissance des résultats obtenus; malheureusement aucun n'a répondu à mon attente.

Voici pourtant un fait observé par moi-même :

En 1862, je me rendais avec une fraction de mon régiment de Rambouillet à Landrecies. Dans la colonne dont je faisais partie se trouvait le cuirassier Maury, blessé depuis plusieurs mois d'un coup de pied de cheval; cet homme faisait la route en chemin de fer, ne pouvant la faire ni à pied, ni à cheval, car il souffrait beaucoup. Un jour, il vint me trouver en me priant d'examiner sa blessure, qu'il ne pouvait plus continuer sa route tant la souffrance était vive, et que le seul médecin de la localité était absent; sur l'invitation de M. Juglar, chef d'escadron, commandant du détachement, je fis le pansement de la blessure, située à environ huit centimètres au-dessous du genou droit, et sur le bord antérieur du tibia ; elle avait l'étendue d'une pièce de 2 fr.; la surface en était ulcéreuse et laissait écouler un peu de pus ichoreux de fort mauvaise odeur, les bords de la plaie étaient gonflés, et l'inflammation s'étendait tout autour à une distance d'environ dix centimètres... Sur toute la partie enflammée, je fis une friction d'onguent de pied, additionnée d'un peu d'essence de térébenthine ; la plaie fut bassinée avec de la teinture de cantharides, et, ensuite, recouverte d'un mélange à parties égales d'onguent de pied et de vésicatoire composé de : onguent basilicum, 3 parties, et poudre de cantharides, 1 partie, c'est-à-dire six parties d'excipients pour une partie de cantharides ; un peu de charpie, et deux tours de bande pour empêcher le frottement des vêtements, et six jours après guérison complète, excepté une croûte sèche sur la plaie, croûte qui ne tarda pas à tomber.

Ne sonder les plaies que le plus rarement possible et même pas du tout pour ne pas déranger la cicatrisation.

Il est bien entendu que les plaies provenant de scrofules, syphilis, etc., ne peuvent être guéries qu'après la guérison des maladies qui leur ont donné naissance.

Ci trois lettres :

Ministère de la Guerre.

Paris, le 6 février 1861.

Monsieur Coulet,

J'ai lu avec intérêt votre Mémoire sur le traitement des plaies par le vésicatoire ; si, à mon avis, votre travail renferme des théories peut-être un peu hasardées, si sa rédaction laisse assez à désirer, sa partie pratique offre de très-bonnes choses qui méritent d'être connues. En conséquence, je vous engage à l'envoyer officiellement au Ministère pour être examiné par la Commission d'hygiène hippique.

Agréez, Monsieur, l'expression de mes sentiments distingués.

A. Goux.

Ministère de la Guerre.

Deuxième Direction. — Bureau de la Cavalerie et des Remontes.

Paris, le 25 juillet 1861.

Monsieur Coulet,

La Commission d'hygiène hippique chargée d'examiner le Mémoire que vous m'avez adressé et qui a pour titre : *Traitement des plaies par l'onguent vésicatoire*, fait connaître que, malgré les considérations théoriques exposées en tête de ce Mémoire et les observations pratiques, qui en constituent la partie essentielle, elle ne saurait partager la conviction que vous vous êtes formée sur l'efficacité exceptionnelle du traitement que vous préconisez ; qu'en effet, d'une part, les considérations reposent sur des données purement hypothétiques et conséquemment sans grande valeur ; que, d'une autre part, les observations pratiques, bien qu'elles soient très-affirmatives dans les résultats qu'elles constatent, sont loin, cependant, d'offrir le caractère d'exactitude de faits assez rigoureusement établis pour qu'on puisse les accepter sans un contrôle sérieux.

En conséquence, je vous informe que, d'après les propositions de la Commission d'hygiène hippique, je vais prendre des dispositions pour que le traitement dont il s'agit puisse être expérimenté dans quelques régiments. Je vous engage, de votre côté, à continuer des essais qui ne peuvent que tourner au profit de la science vétérinaire et je vous exprime ma satisfaction pour le but pratique que vous vous êtes proposé.

Recevez, Monsieur, l'assurance de ma considération.

Le Ministre d'État

Chargé par intérim du département de la Guerre.

WALEWSKI.

Ministère de la Guerre.

Commission d'hygiène hippique.

Paris, le 25 mars 1867.

MON CHER COULET,

En réponse à votre lettre, je vous dirai que la Commission d'hygiène hippique, après avoir pris connaissance de votre dernière demande, a répondu à M. le Ministre de la Guerre, qu'il était complétement inutile de soumettre à de nouvelles expériences, votre traitement des plaies par le vésicatoire, puisque depuis plusieurs années il avait été reconnu très-efficace ; qu'il avait reçu la sanction de l'expérience, et subi l'épreuve de la publication. En effet, mon cher camarade, vous n'ignorez pas que plusieurs observations sur des cas de guérison, par la méthode de traitement de Coulet, de plaies graves, profondes et compliquées, ont été publiées dans les recueils des Mémoires de la Commission d'hygiène, dans le Journal de Médecine Vétérinaire militaire, et dans d'autres feuilles périodiques. En sorte qu'il ne reste plus rien à faire ; vous avez atteint le but que vous vous proposiez ; vous avez rendu à la thérapeutique vétérinaire des services incontestables et incontestés. Cependant, je dois ajouter pour être juste et vrai, que l'idée d'employer l'onguent vésicatoire n'est pas nouvelle ; car depuis longtemps déjà, dans l'armée, on a fait usage de ce précieux médicament sous ce rapport. Mais ce qui est bien à vous, c'est d'avoir établi la méthode rationnelle du traitement par le vésicatoire, en spécifiant catégoriquement tous les cas de pathologie externe dans lesquels elle peut être utile : c'est là, je le répète, votre propriété, c'est là votre gloire, que personne de nous ne voudrait ni ne pourrait revendiquer.

La satisfaction, vous le voyez, est large, et elle doit combler vos désirs.

Tout à vous,

A. Goux.

Quelles contradictions ! Avant le succès, tous incrédules ; après, tous initiateurs. Cela dispense de tout.

COULET.

Angers, imprimerie Lachèse et Dolbeau, chaussée Saint-Pierre, 13.